AF377826

HISTOIRE

DE LA

BOULANGERIE

PAR

J. BATAILLARD

Membre de la Société impériale et centrale d'agriculture
de France.

— ◦◦ —

BESANÇON

IMPRIMERIE DE J. ROBLOT, RUE DU CLOS, 31

1869

HISTOIRE

DE LA

BOULANGERIE

PAR

J. BATAILLARD

Membre de la Société impériale et centrale d'agriculture
de France.

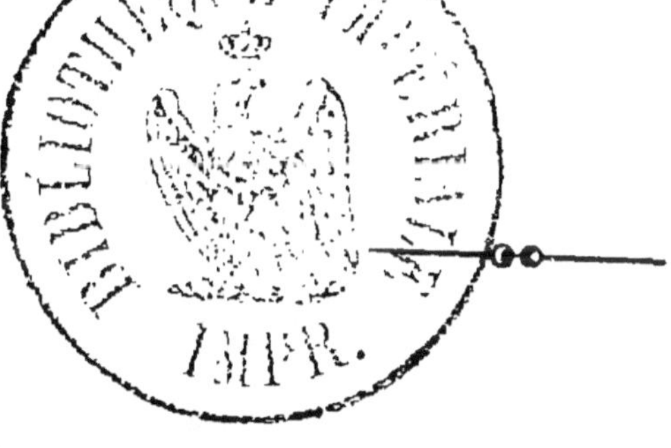

BESANÇON

IMPRIMERIE DE J. ROBLOT, RUE DU CLOS, 31

1869

HISTOIRE

DE LA

BOULANGERIE

Il semblerait qu'après l'agriculture l'art de faire le pain soit le premier qui ait été inventé. Il n'en est pas ainsi ; il s'écoula un certain temps avant qu'on eût la pensée de réduire le grain en farine, puis de pétrir cette farine et de la faire cuire d'abord sous la cendre, enfin dans des fours. Lorsque l'on eut songé à cette dernière préparation, c'est-à-dire qu'on eut inventé le pain proprement dit, chaque ménage pourvut lui-même à ses besoins. Ainsi chez les Hébreux, il n'y avait pas de boulangeries publiques. La maîtresse de la maison ou quelque servante, comme cela se pratique encore aujourd'hui dans nos campagnes, préparait le pain pour toute la famille.

C'est d'abord en Orient que se montre l'usage des fours pour les particuliers et ensuite pour le public ; de là, il passa en Grèce.

Dans les premiers temps de Rome, il n'y avait pas de boulangers publics ! C'était aux femmes qu'était laissé le soin de faire le pain ; il existait seulement des *pistores* (1) qui pilaient le blé avec des pierres pour le réduire en farine.

Les Romains, à la suite de l'expédition qu'ils firent contre Philippe, l'imprudent allié d'Annibal, ramenèrent à Rome des boulangers grecs, auxquels plus tard ils joignirent des affranchis ; puis ils les réunirent tous en un corps, un *collége*, auquel ils conférèrent en commun, avec des charges assez dures, des biens et des priviléges considérables.

Nul boulanger ne pouvait quitter sa profession ; son fils, son gendre même étaient

---

(1) *Pistores* vient de *pinsere, broyer*. Cet usage de broyer le blé avec des pierres existait encore au siècle dernier chez presque tous les peuples de l'Amérique.

obligés de la suivre. Pendant leur vie, ils pouvaient librement disposer du bien qu'ils avaient acquis ; mais, à leur mort, aucun testament ne pouvait distraire du fonds commun leur propriété.

On ne prit pas soin seulement de conserver leur nombre, on veilla surtout à leurs mœurs. Toute alliance avec des gens mal famés, tels que les gladiateurs et les comédiens, leur était interdite, à peine d'être fustigés, bannis et dépouillés de leurs biens. De temps à autre, pour donner quelque éclat à leur condition, on élevait quelqu'un d'entre eux à la dignité de sénateur. De plus, ils étaient déchargés des soins de tutelle et de curatelle, de toute fonction, en un mot, qui eût pu les distraire de leur profession.

Tout le blé appartenait à l'Etat, qui le cédait aux boulangers seuls, et qui leur pouvait ainsi prescrire, d'après une estimation sûre, le prix auquel devait se vendre le pain.

En Gaule, le plus ancien texte où il soit fait mention des boulangers publics est une ordonnance de Dagobert de l'an 630 ; Charlemagne ensuite, par une ordonnance très expresse de l'an 800, prescrit formellement aux juges de veiller à ce qu'il y eût toujours, en chaque province, un nombre suffisant de boulangers.

Comme toutes les corporations en France, celle des boulangers s'est formée, et avant toutes les autres, par une sorte de confrérie ou société religieuse, sous le patronage non de saint Honoré, qu'ils invoquèrent plus tard, mais sous celui de saint Pierre èsliens.

Ils portèrent d'abord le nom de talemeliers, et on trouve déjà trace de leurs statuts du temps de Philippe-Auguste ; mais les plus anciens règlements qui les concernent, et que nous possédions encore dans toute leur teneur, sont ceux que nous a conservés Est. Boileau, au début de ses registres des métiers, recueillis dans les dix dernières années du règne de saint Louis.

A quelques modifications près, ces statuts firent loi sur la matière, tout le temps que dura la communauté des boulangers, c'est-à-dire jusqu'en 1711.

En voici le début :

« Nuz ne peut estre talemeliers dedans la banlieue de Paris, se il n'achate le mestier du Roy. »

Les articles qui suivent, assez obscurs, sont ainsi expliqués par Delamare, au livre

V, titre XII, ch. 3, de son *Traité de la police* :

« L'on y distingue dans Paris deux sortes de territoires, l'un qui appartenait au roi et l'autre à des seigneurs particuliers. De celui-ci, il y en avait une partie que Philippe-Auguste avait fait renfermer dans la ville, et une partie qui était demeurée hors des murs de cette nouvelle enceinte. Selon cette division, les boulangers y sont distribués en deux classes : les uns demeuraient sur les terres des seigneurs, qui avaient droit de haute justice, les autres sur les terres et dans la justice du roi. Ceux-là ne pouvaient exercer s'ils n'achetaient du roi la maistrise, et ils étaient tenus de lui payer le droit annuel de hauban (1); ceux-cy étaient exempts de l'une et de l'autre de ces obligations, soit que la terre du seigneur sur laquelle ils de-

---

(1) « Hauban est uns propres noms d'une coustume asise par laquelle il fut establi anciennement que quiconques serait haubaniers qui (qu'il) serait plus frans et paierait mains de droitures (moins de droits) et des coustumes de la marchandise de son mestier que cil qui ne serait pas haubaniers. » (Establissements de Saint-Louis.)

meuraient fût ou ne fût pas renfermée dans la nouvelle enceinte; mais ils estaient chargés de certaines redevances comme les forains. »

Le droit de hauban que payaient au roi les boulangers de Paris était censé une faveur qui les exemptait d'autres charges ; tous les métiers n'étaient pas haubaniers, et dans les métiers qui avaient ce privilége, nul ne l'obtenait en particulier « se li rois ne li otroie par don ou par vente. »

Je reprends les statuts, en traduisant.

Les talemeliers qui sont haubaniers sont quittes du tonlieu (1) des porcs qu'ils achètent et de ceux qu'ils revendent, pour peu qu'ils aient une fois mangé de leur son ;

---

(1) Le tonlieu était un droit seigneurial qui se payait par les vendeurs pour la place qu'ils occupaient dans les marchés, et aussi pour chaque tête chevaline, pour chaque bœuf ou vache, pour chaque tête blanche (mouton, porc, etc.). Plus tard, mais seulement au milieu du xviⁱᵉ siècle, quand on commença à vendre aux boulangers de Paris la farine sans le son, la liberté qu'ils avaient d'élever des porcs pour manger le son leur fut retiré.

quittes aussi du tonlieu de tout le blé qu'ils achètent pour le cuire et du pain qu'ils vendent ; mais, chaque semaine, ils doivent au roi trois deniers de pain.

L'année où un boulanger achetait la maîtrise, il payait au roi, pour tout apprentissage, 25 deniers à l'Epiphanie, 22 deniers à Pâques, et à la Saint-Jean 5 deniers obole. De plus, chaque année, 6 sols pour le hauban et 3 deniers pour le tonlieu, — « et autant doit-il au segont an, et autant au tiers an, et autant au quart an. Et si (aussi) doit faire li noviax talemeliers chascun an des quatre années dessus dites une oche (taille) en un baston à la Tiephaine (à l'Epiphanie) contre celuy qui queut (perçoit, quête) la coutume (le droit) du pain de par lou Roy. »

Le nouveau boulanger, après ces quatre années, prend un pot de terre neuf avec des noix et des nieulles (1), et vient à la maison du chef de la communauté, chez qui sont à

---

(1) Les uns voient dans ce mot le nom d'un fruit perdu ; M. Depping le traduit par *oublies. Le cuisinier français*, par la Varenne, donne des recettes pour faire des mulles.

l'avance réunis le receveur des droits, les boulangers de la ville et les premiers valets ou geindres (1), « et doit le nouveau boulanger livrer son pot et ses noix au maître (au chef de la communauté) et dire : Maître, j'ai accompli mes quatre années. Et le maître doit demander au coutumier si c'est vrai, et si cela est vrai, le maître doit bailler au nouveau boulanger son pot et ses noix et lui commander de les jeter au mur. Pendant qu'il les jette, le maître et son assistant se tiennent dehors ; ils rentrent ensuite dans la maison du chef de la communauté, ou celui-ci leur doit livrer feu et vin : et chacun des talemeliers, et le nouveau et les maîtres valets, doivent chacun un denier au maître des talemeliers pour le vin et pour le feu qu'il livre. »

---

(1) On les trouve nommés, dans diverses coutumes, joindres et joandres. Peut-être l'étymologie est-elle en effet *juniores* ; celle de Ménage, *gener*, parce que le premier garçon d'un boulanger est ordinairement son gendre, est plaisante. On sait d'ailleurs combien le rude travail de pétrir le pain fait geindre l'ouvrier. De là le nom bien plus probablement.

Ces quatre ans, où il faut voir plutôt un stage qu'un apprentissage, étant passés, le nouveau boulanger, passé maître, ne payera plus au roi que dix deniers à Noël, vingt-deux à Pâques, cinq deniers obole à la Saint-Jean-Baptiste, plus ses six sols de hauban à la Saint-Martin d'hiver. Le droit de tonlieu qu'il paie alors, de trois deniers de pain, appartient au roi deux semaines sur trois, et à l'évêque de Paris la troisième semaine.

Le roi n'est pas en relation directe avec les boulangers; un de ses officiers, le grand panetier, est son intermédiaire, et il choisit lui-même pour lieutenant, dans certaines limites , un prud'homme boulanger « qui garde le métier. » Nous aurons à revenir sur la juridiction du grand panetier; dès à présent, voici les textes qui le concernent :

« Si rois a donné à son mestre panetier la mestrise des talemeliers, tant come il li plaira, et la petite justice et les amendes des talemeliers et des joindres (geindres) et des vallets... Et doit cil mestre panetier prendre un preudomme talemelier qui li guarde son mestre et ses amendes, et qui bien sache connaistre les boues danrées et les baus. Quand li rois a doné à son mestre panetier le mestier (c'est-à-dire, a concédé ses droits

sur le métier) de talemelier, li mestre panetier doit venir à Paris et faire assembler touz
les talemeliers par celui qui est en son lieu,
et doit élire douze des plus preudommes du
mestier de talemelerie, ou plus ou mains
(moins), selon ce qui l'a semblé bon, qui
miex sachent connaistre le pain, et qui plus
sachent du mestier pour le proufit à ceux
qui dedans la ville sont, et doivent icel douze
preudommes jurer sur sainz (sur les reliques
des saints) que ils garderont le mestier bien
laulement (loyalement), et que, au jugier
le pain, ils n'épargneront ne parent, ne ami,
ne condemneront nullui (personne), por
haine ne por malvoillance à tort. »

Suit une longue liste des chômages que
les boulangers doivent observer : il est plus
de soixante jours par an, sans parler des
dimanches, où ils ne peuvent cuire le pain ;
la règle touche même à la veille de ces fêtes
chômées :

« Nul talemelier ne puet cuire ès veilles
des festes dessus dites, que li pains ne soit
au plus tard à chandoiles alumées devans le
four, ne ès samedis, fors qu'en la veille du
Noël, qu'il peut cuire jusques aux matines
(de) Notre Dame de Paris, — à peine de six
deniers d'amende. » — « Et se li pains

failloit à Paris, si convenroit-il qu'il presist congié de cuire au mestre des talemeliers. »

Les boulangers ne vendaient chez eux que le petit pain : « Nul talemelier ne puet faire plus grant pain de deux deniers, se ce ne sont gastel à presenter; ne plus petit de obole, se ce ne sont eschaudés. » — Le pos pain se vendait au marché du samedi où l'apportaient à la fois les boulangers de Paris et du dehors.

Dès ce temps-là, le droit de visite était établi :

« Li jurés qui jugent le pain doivent aller par la ville pour prendre le petit pain (1), toutes les fois que li mestre les en semondra. »

Voici dans quelle forme se fait cette visite :

Quant li mestres et li jurés vont par la vile pour prandre le petit pain (le pain de poids trop faible), ils prandront un sergent du Chastelet. Et as fenestres où ils trouvent le pain à vendre, li mestre prant le pain et le baille as jurés, et li jurés regardent se il est

____

(1) C'est-à-dire le pain d'un poids insuffisant.

suffisant ou non, et se il est suffisant, li jurés le remettent seur la fenestre, et s'il n'est suffisant, li jurés mettent le pain en la main au mestre, et par tant li mestre set bien que li pain n'est mie suffisant, et puet prandre tout li remanans de celle mesme fournée...

« Et se il y a à une fenestre pluseur maniere de pains, li mestre fera chascune maniere jugier, et ceux que l'on trouvera trop petit, li mestre et li juré feront doner pour Dieu le pain. »

Il manque ici au statut des dispositions importantes. On parle du pain suffisant : s'agit-il de la qualité? de la quantité? de l'une et de l'autre ? — Ces points seront réglés par les ordonnances postérieures.

Le maître et les jurés dont nous venons de parler étaient affranchis du guet, « por la paine et por le travail que il ont de guarder le mestier de talemelerie qui est (à) le Roi. » Cette franchise leur avait été accordée par la reine Blanche ; plus tard, ce privilége fut étendu à toute la corporation ; mais alors le guet était une des charges en échange de laquelle le roi leur avait accordé sa protection, et le droit d'exercer leur métier à Paris, de préférence aux forains, tous les jours de la semaine, excepté le samedi ; en même temps

que ce point est réglé, le délit qui avait mo-
tivé la décision est ainsi exposé dans le livre
d'Est. Boileau.

« Li Rois Philippes establi que nus hom
qui ne demorast dedans la banlieue de Paris
ne povoit pain aporter ou faire aporter pour
vendre à Paris, fors que au samedi, pour la
reson de ce que li talemelier qui sont dedans
Paris doivent la taille, le guet lou (au) Roy,
et doit chascun, chascun an, au Roy, IX sols
iij oboles, que de auban que de coustume, et
chacune semaine iij oboles (ce qu'un article précédent nomme trois deniers) de pain
de tonlieu au Roy ou à ceus à qui li Roys l'a
doné, se li Roys ne les en a franchis; et ceste
coustume a esté guardée très le tans le Roy
Phelippes, dont il avint au tans le Roy qui
ore est, à qui Diex doint bone vie, que li talemelier de Corbeil et d'ailleurs louerent greniers en Greve et ailleurs pour vandre leur
pain seur semaine, (ce) que ils ne peoient
faire ne devoient. Li talemelier de Paris en
furent plaintif au Roy, et ly requisent que
l'establissement que le Roy Phelippes, ses
aïous, leur avait doné, (il le) feist tenir et
guarder, et li monstrerent le grant profit
que li Roys avait des talemeliers, eu payant
les coustumes; lors li Roys conferma l'esta-

blissement de son aïeul et commanda que nuz talemeliers demorans hors de sa banlieue n'aportast ou ne feist aporter pain à Paris pour vendre, fors que aux samedis, et se il l'aportast ou feist aporter, qu'il fust perdus et donés par Dieu par le mestre et les jurés du mestier, « excepté dans le temps » des grands gelées et des grands iaux, par l'empeschement desquelles li talemelier de Paris ne puisent assouvir la ville de Paris. »

Tout délit des boulangers était jugé par le maître de la communauté ; « se uns talemeliers est semons par devant le mestre des talemeliers et il a tort, il doit six deniers d'amende, et se il est défaillant (s'il fait défaut), il doit six deniers au mestre. » Les appels étaient portés devant le grand panetier qui jugeait en dernier ressort.

C'est par ce dernier point des amendes, que furent d'abord modifiés les « establissements »ou règlements recueillis du temps de saint Louis par son prévôt des marchands. En fixant à six deniers, pour toutes fautes, les amendes encourues par les boulangers, où était la proportion entre les délits ?

Philippe le Bel déclara que les amendes seraient arbitraires et proportionnées à la gravité des fautes. Aucun roi ne se montra moins bienveillant pour le corps des boulangers ; son ordonnance, qui est de 1305, contient en outre les dispositions suivantes :

« Tout talemelier qui ne fera pas pain suffisant (en poids et en qualité) perdra sa fournée et sera puni arbitrairement, » non plus par le maistre, représentant du grand panetier, *mais par le prévôst;*

» *Tout habitant de Paris* peut faire du pain en sa maison et le vendre, en payant les droits accoutumés ;

» *Tous les jours de la semaine* (et non plus e samedi) chacun pourra librement apporter son pain, son blé et des vivres de toute sorte à Paris pour les y vendre ;

» Les talemeliers et tous autres vendeurs de pain devront le faire suffisant, de juste poids et d'un prix preportionné à la valeur du blé, à quoi veillera *le prévost de Paris;*

» Vivres et denrées seront amenés et vendus dans les marchés, et nul ne poarra acheter du grain, pour le revendre les jours de marché ;

» Les particuliers peuvent acheter comme les marchands en gros. »

Il paraît que les habitants profitèrent peu de la faculté qui leur était laissée ; les boulangers, dépouillés en droit de leurs plus importants priviléges et de tout monopole, continuaient à en jouir en fait, et en abusaient. Nouvelles plaintes des habitants en 1314; le grand panetier réclame le droit de réprimer les excès des boulangers; le prévôt invoque l'édit de 1305; la discussion entendue de part et d'autre, le roi décide, de l'avis d'une commission que, dans les circonstances présentes (*quantum ad casum excessuum qui pendet in præsenti*), la répression des excès appartiendra au prévôt de Paris, sans préjudice des droits du grand panetier, qui, pour l'avenir, seront réglés le plus raisonnablement possible (*prout videbimus rationaliter faciendum* (1).

En 1366, par une ordonnance du 12 mars, Charles V décide que les boulangers, tant de Paris que du dehors, devront apporter leur pain à la Halle les jours de marché, et ne pourront faire du pain que du même poids, de la même farine, de la même substance et du même prix. Ils ne pourront faire que de deux sortes de pain, l'un de tel poids qu'il vaille quatre deniers, et l'autre de deux deniers.

---

(1) Dom Félibien. *Histoire de Paris*, preuves, t. II, p. 519.

Le même roi, en juillet 1372 et encore au mois de décembre de la même année, revint sur le fait de la boulangerie ; il décida que le prix du pain serait fixé à Paris selon les différents prix du blé. Quand le blé vaudra huit sols le setier, les talemeliers de Paris et faubourgs « seront tenus de faire pain bis bien labouré (élaboré) qui devra peser les poids ci-après esclarcis : c'est assavoir, le pain blanc appelé pain de Chailly, de deux deniers de taille, pesera en paste 30 onces, et tout cuit pesera 25 onces et demi ; le pain bourgeois de la dite taille pesera en paste 45 onces, et tout cuit 37 onzes et demi ; le pain de brode (1) d'un denier de taille pesera en paste 42 onces, et tout cuit 36 onces. »

Empiétant sur la profession des bouchers, comme quelques taverniers empiétaient sur celle des bouchers et des boulangers, certains talemeliers de Paris et des environs, de Meulan par exemple, vendaient de la viande tuée chez eux ; défense leur est faite expressément en 1404, de continuer cet abus.

Charles VI, auteur déjà de cet édit, prenant en main la cause des habitants qui,

---

(1) Pain de qualité inférieure très noir.

semble-t-il, s'étaient mis en grand nombre à faire le pain depuis les abus si activement combattus par Philippe le Bel, décida par lettres de février 1415 :

Que les boulangers ne pourront acheter et faire acheter ni grains ni farines aux marchés de Paris, si le marché n'a duré au moins une heure (art. 17).

Que nul boulanger ne pourra être en même temps meunier ou mesureur de blé (art. 19).

Que les boulangers ne pourront acheter de blé que par le ministère d'un mesureur juré (art. 20).

Les rigueurs d'une guerre interminable, la rareté et le haut prix des céréales, la vente très certaine de pain dont le paiement était fort incertain, d'autres causes encore découragèrent les boulangers, sous le même règne de Charles VI, et bon nombre d'entre eux détruisirent eux-mêmes leurs fours. Ordre leur est donné, par lettres de février 1419, de les reconstruire sans délai, sous peine de bannissement, et aussi de faire à chaque fournée du pain de trois sortes de poids et de qualité et de trois prix différents. Ces lettres modifiées en octobre de la même année portèrent alors les règlements suivants :

Le pain blanc se vendra à raison de 13 deniers parisis les 13 onces ;

Le pain bis, deux deniers parisis les treize onces ;

Le pain mêlé de seigle et d'orge, deux deniers tournois ;

Les boulangers doivent déclarer ces prix à l'acheteur, et ne peuvent tirer du setier de farine plus de six douzaines de pain blanc de treize onces, à peine de confiscation de la fournée entière pour la première fois, et, la seconde, de privation du métier et autre peine.

Charles VII ne négligea pas cette importante matière, que la difficulté des temps rendait encore plus urgente. Une ordonnance du 19 septembre 1439 contient, entre autres dispositions nouvelles, les articles importants qui suivent :

Les poids pour peser à Paris les blés et les farines seront gardés dans un lieu choisi par les échevins ;

Les boulangers et fariniers y feront peser et cribler les grains avant la mouture, — à quoi ne seront pas tenus les autres habitants ;

Quel que soit le prix du blé, le pain faictiz (pain bis) bien essuyé, sera toujours d'une demi-livre, d'une livre ou de deux livres ;

Le pain blanc, *quand il sera permis aux boulangers* d'en faire, sera vendu, les six onces, sur le pied du pain faictis d'une demi-livre (8 onces) ;

Les mesureurs de grain feront rapport chaque samedi du prix du blé, froment, seigle et orge, vendus dans les trois marchés des halles, de Grève et du Martrai ;

Le prix du pain sera publié et affiché aux dits marchés, et chaque semaine le clerc de la ville s'informera dudit prix au clerc de la prévoté, et le fera savoir aux douze jurés-boulangers, chez lesquels les autres boulangers s'en informeront ;

Les boulangers n'achèteront le blé avant midi.

Cette dernière disposition, rapprochée de celle qui ne leur permet d'acheter du blé au marché qu'une heure après l'ouverture, montre combien se propageait chez les bourgeois la coutume de fabriquer du pain chez eux, et leur assurait la facile acquisition du blé ; il empêchait les boulangers d'acheter le blé en masse pour assurer leur monopole. Depuis ce temps, la même mesure fut toujours en vigueur. Tous les autres articles, du reste, de cette remarquable ordonnance, ceux entre autres qui réclament un rapport hebdomadaire sur le prix du blé et l'affichage du prix du pain, sont d'une importance sur laquelle il est superflu d'insister.

Sous Louis XI, une ordonnance de juin 1467, sur le fait des métiers ayant « fait mettre en armes les manans et habitans de tous estatz » de la ville de Paris, porta que chaque corps d'état aurait sa bannière ; les insignes en seraient différents, mais elles auraient toutes une croix blanche au milieu. Les boulangers reçurent donc leur bannière distincte de celle des meuniers et des pâtissiers, et prirent les armes ; la remise de la bannière fut l'occasion d'exiger des serments formels de fidélité, d'obéissance ; ils s'engageaient même à dénoncer tout crime envers l'Etat et le souverain.

En 1485, le grand pannetier fut rétabli dans tous ses priviléges.

En 1497, par lettres patentes du 10 janvier, nous voyons accorder aux boulangers, sur leur demande assurément, une faveur qui ferait volontiers douter de leur patriotisme : ils furent exemptés de payer le droit de cinq sous dû pour le joyeux avènement de nos rois à la couronne de France.

Avant d'arriver au seizième siècle, où les édits précédents restèrent en vigueur sans modifications importantes, nous devons parler d'une particularité assez curieuse, d'origine déjà fort ancienne :

« Les boulangers, à cause du feu auquel ils sont continuellement exposés, étaient, disait-on, plus sujets à la lèpre que les artisans des autres professions ; intéressés par cela même à soutenir les fondations des maladreries, ils firent, en effet, pendant une famine, preuve de leur zèle pour ce genre de bonnes œuvres, en donnant à la maison de Saint-Lazare une grande quantité de pain ; ils s'engagèrent même à lui fournir dans la suite et à perpétuité chacun un petit pain par semaine. Cette rente volontaire fut ensuite convertie en argent. En retour, la maison de Saint-Lazare s'obligea à recevoir tous les boulangers, ou leurs femmes, atteints de la lèpre ; et cet engagement, volontaire aussi, devint plus tard de droit rigoureux. »

L'exercice de la boulangerie, le rapport du blé au prix du pain, de la quantité de farine à la quantité de blé, le règlement des heures de marché, toutes ces mesures se perpétuaient et nous n'y voyons point ajouter de nouvelles dispositions; en 1546 seulement, nous trouvons la vente du pain autorisée sur quatre marchés qui furent longtemps les seuls de Paris, tout insuffisants qu'ils étaient.

Le métier réglé, on s'occupa des personnes; nous avons vu les boulangers pourvus de différents droits, exemptés de diverses charges. Une ordonnance fort singulière du 13 mai 1579 nous apprend que les compagnons de ce métier devaient être continuellement en chemise, en caleçon, sans hauts-de-chausses, et en bonnet, toujours en état de travailler; leur costume, en un mot, devait être tel qu'ils ne pussent sortir, excepté le dimanche et les jours de chômage. Il paraît qu'ils firent quelques tentatives pour s'affranchir de cette servitude, et alors fut portée l'ordonnance suivante, que nous citons, d'après Delamarre, *Traité de la police*, liv. V, titre XII, chap. 5 :

« Il leur est enjoint de s'employer au service des maistres boulangers de Paris et faubourg, et eux louer par demi-année et non pour moindre temps, si ce n'est du vouloir et consentement desdits maistres. Et si (aussi) leur sont faites deffences, eux assembler, monopoler, porter épées, dagues et autres bâtons offensibles ; de ne porter aussi manteaux, chappeaux et hauts de chausses, sinon ès jours de dimanches et autres fêtes, èsquels jours seulement leur est permis porter chappeaux, chausses et manteaux de drap gris ou blanc et non autre couleur, le tout sur peine de prison et de punition corporelle, confiscation desdits manteaux, chausses et chappeaux. »

Le dix-septième siècle doit faire époque dans l'histoire de la boulangerie parisienne ; les perfectionnements apportés à la fabrication, la coutume introduite de vendre à Paris la farine sans le son aux boulangers, des règlements nouveaux, le célèbre procès du pain mollet, et l'interdiction d'employer la levûre de bière, enfin le nombre des marchés augmentés, tels sont les principaux points de repère de cette histoire sous les règnes de Louis XIII et Louis XIV.

En 1564, le boulanger du chapitre de Notre-Dame avait inventé un pain particulier qui, sous le nom de pain de chapitre, prit droit de cité au dix-septième siècle ; il était blanc comme le pain de Chailli, mais travaillé en pâte si ferme que les bras ne suffisaient pas pour le pétrir ; « les boulangers y employaient les pieds, après se les être beaucoup lavés à l'eau chaude (1). »

A côté du pain de chapitre, la vogue s'attacha bientôt au pain préféré de Marie de Médicis et qu'on appela, de son nom, pain à la reine, comme, vers le même temps, le tabac introduit par Nicot, s'était nommé l'herbe à la reine : ce pain était salé et préparé à la levûre de bière. Quand la mode fut venue de faire tout à la Montauron, comme depuis à la Candale, et plus tard à la Silhouette, on eut des pains à la Montauron, pétris au lait, comme les pains à la mode et les pains à la Ségovie. Le pain de Gentilly se faisait au beurre. Notons encore le pain mollet, le pain façon de Gonesse, le pain cornu, le pain blême et le pain à la citrouille, les uns connus et cités par Furetière, les autres par Delamare. Les boulangers de petit pain, qu'il faut bien distinguer des boulangers de gros pain, avaient seuls le droit de vendre ces pains de fantaisie, et nous aurons bientôt à montrer avec quelle rigueur la distinction devait être observée.

Le génie de Richelieu, pour qui le passé

(1) Delamare, liv. V, titre XII, ch 13.

n'engageait pas l'avenir, et qui, libre de tout respect aveugle pour les errements des règnes antérieurs, savait à la fois dégager des mesures surannées et compléter par des réformes hardies les règlements en vigueur jusqu'à lui dans toutes les branches du gouvernement, prit en grande attention les statuts de la boulangerie, et, dans le règlement général pour la police de Paris donné le 30 mars 1635, il arrêta les dispositions suivantes :

« Les marchands de bled ne pourront faire leurs achats de bled à dix lieues près de cette ville de Paris, n'y empescher que les grains estant dans la dite estendue soient amenez ès marchez d'icelle à peine de confiscation d'iceux ;

» Défenses à toutes personnes de vendre ny acheter grains à greniers, ny ailleurs qu'ès halles, marchez et places publiques, et aux jours et heures accoutumez ; et aux boulangers et patissiers d'entrer aux dits marchez sinon après les onze heures en été et midy en hiver, et aux boulangers de gros pain qu'après deux heures de relevée, et non aux précédentes heures qui sont réservées aux bourgeois ; et ne pourront acheter en chacun marché sçavoir : les boulangers, plus de deux muids de bled, et les patissiers plus de trois septiers ;

» Est enjoint aux maistres boulangers de petit pain de Paris de cuire journellement, tenir leurs maisons, ouvroirs et fenestres toujours garnies de trois sortes de pain, de la blancheur et poids ordonné par les anciennes ordonnances, sçavoir : le pain blanc de chalis (ou chailly), pesant après sa cuisson douze onces ; le pain de chapitre, dix onces, et le pain bourgeois bis-blanc, seize onces, et outre plus du pain plus bis, appelé anciennement pain de brodde, du poids de quatorze onces, — le tout du prix de douze deniers chacun, dont ils seront tenus faire des demis qui seront vendus à proportion du dit prix; *et marqueront les dits boulangers les dits pains de leur marque particulière;* tiendront poids et balances dans leurs boutiques, le tout à peine d'être déchus de la maîtrise, et de plus grande s'il y échet. — Pourront néanmoins faire du pain mollet, façon de Gonesse, et d'autre sorte pour la commodité de ceux qui en voudront user : lesquels ils ne pourront exposer à leur estallage, ainsi les mettront à leur arrière-boutique ou en tel lieu qu'il ne soit en vue.

Est enjoint à tous les boulangers de gros

pain, tant de cette ville et faubourgs que forains amenant leurs pains aux marchez de les vendre par eux, leurs femmes, enfants ou serviteurs, sans le faire vendre par des regrattiers et personnes interposées, à peine de confiscation.

» Ne pourront iceux boulangers garder ny sener ès maisons prochaines ny même emporter ce qui leur restera de pain, qu'ils seront tenus de vendre dans les 3 à 4 heures de relevée ; autrement seront mis au rabais, et n'y pourront hausser le prix du matin à la relevée du même jour, mais plutôt le diminuer.

» Faisons défenses aux dits boulangers de gros pain de faire et exposer aucun pain au-dessus de trois sous, à peine de confiscation d'iceluy, et de quatre-vingts livres parisis d'amende. »

Nous n'avons pas à faire ressortir la faculté précieuse continuée aux bourgeois d'acheter leur blé avant les boulangers, la distinction nettement tracée des boulangers de petit pain et des boulangers de gros pain, l'obligation imposée aux premiers de ne pas exposer aux regards et à la tentation des pains de fantaisie dont la loi ne pouvait fixer le poids, la proscription enfin qui leur est faite de vendre en personne leur pain et de n'en pas garder d'un marché à l'autre : les principales dispositions des règlements anciens sont conservées ; de nouvelles mesures, d'une incontestable utilité, sont introduites.

Sous Richelieu encore, un projet de statuts nouveaux fut dressé par les maîtres boulangers, et ces statuts, qui réclamaient, de plus que les anciens règlements, un apprentissage de trois ans et un chef-d'œuvre des nouveaux maîtres, fut confirmé par arrêt du 21 février 1637 et encore du 29 mai 1655. Le pot de romarin et les friandises qui le devaient accompagner furent convertis en un louis d'or.

Pendant la Fronde, le prix élevé des farines causé par les difficultés de les amener à Paris, et par suite le haut prix du pain (1)

(1) Dans ses *Nobles triolets*, Saint-Amant parlant de la Fronde et des malheurs qui l'accompagnèrent, dit :

> Un pain qui couste deux escus !
> Ah ! ma foy, c'est un mauvais ordre.
> La peste crève le blocus !
> Un pain qui couste deux escus !

firent prendre une mesure que nous avons déjà indiquée en passant. En 1650, on commença à amener des farines blutées : un même convoi put donc apporter une plus forte quantité d'aliments, l'on n'eut plus à payer pour le transport du son des frais qui s'appliquèrent à la farine seule. Dès lors les boulangers ne furent plus autorisés à élever des porcs, et ils furent obligés de les vendre aux gens de la campagne.

En 1666, Louis XIV ordonna une grande réforme de la police. Il y avait en ce temps un grand procés entre les boulangers de petit pain et les cabaretiers, les premiers voulant forcer les seconds à ne vendre aux buveurs que des pains entiers, c'est-à-dire des pains achetés chez eux. Les boulangers de gros pain intervinrent et joignirent leurs intérêts à ceux des cabaretiers; ils introduisirent dans leurs attaques ce moyen, que l'emploi de la levûre de bière par leurs ad-

---

Récompensons-nous sur Baccus...
Dès qu'il vient du grain au marché,
Il est aussitôt invisible ;
Pour le grand, tout est ensaché
Dès qu'il vient du grain au marché.

versaires rendait malsains leurs pains de fantaisie. De ce débat privé sortit une question générale qui fut alors curieusement discutée dans l'intérêt public; une commission composée de médecins et de bourgeois, entre autres d'un Poquolin, parent de Molière, fut nommée et réunie le 24 mars 1668, et chaque commission dut faire connaître par écrit son avis sur ce sujet : à la majorité de 45 voix contre 30, il fut décidé que la levûre de bière, dont on se servait en France depuis soixante ans, que les pays du Nord employaient seule, était préjuticiab'e à la santé; de là sortit, le 21 mars 1670, un arrêt qui proscrivit l'emploi de la levûre de bière.

Les précautions prises pour la salubrité des aliments allèrent jusque sous la terre prémunir le blé contre des influences réputées dangereuses : une ordonnance du 13 novembre 1697 défendit en effet aux laboureurs de fumer leurs terres avec des matières fécales, avant que ces matières eussent « reposé un temps considérable dans une des fosses publiques, et que la mauvaise qualité fût consumée. »

Au temps où Delamare écrivait son remarquable *Traité de la police,* vers 1710,

« les boulangers peuvent vendre leurs pains pendant la matinée et jusqu'à midi le prix qu'ils veulent, laissant la liberté aux acheteurs de la marchander ; quand midi est passé, il ne leur est pas permis d'augmenter le prix de matinée, et à quatre heures, s'il leur reste encore du pain, ils sont obligez de le mettre au rabais pour avoir avec plus de facilité le débit du total. »

Le nombre des marchés où l'on vendait du pain à Paris était de 4 en 1546 ; il s'élevait à 15 en 1700. Ces marchés, ouverts les mercredis et samedis, renfermaient 1534 débits.

Le temps approchait d'ailleurs où la communauté allait perdre son privilége le plus précieux ; Louis XIV supprima la juridiction de la paneterie, alors composée du grand panetier, d'un procureur général, d'un procureur du roi, d'un greffier et d'huissiers. Les premiers reçurent une indemnité ; les huissiers audienciers furent seuls maintenus, leur vie durant ; mais, à leur mort, leurs offices durent rester vacants.

Prenant en considération une loi portée en décembre 1678, qui avait « ordonné en faveur de plusieurs marchands, artisans et gens de mestier qui estoient establis dans les faubourgs de Paris, leur réunion aux corps et communautez de mêmes professions de la dite ville, » loi dont le bénéfice n'avait pas atteint les boulangers à cause de l'opposition intéressée du duc de Brissac, grand panctier, le même édit voulut *faire participer à cette grâce les boulangers qui avaient mis tout en usage pour en profiter, etc.*

« A ces causes, et autres à ce nous mouvans, de nostre certaine science, pleine puissance et autorité royale, nous avons, par le présent édit perpétuel et irrévocable, dit, statué et ordonné, disons, statuons et ordonnons, voulons et nous plaist que nostre dit édit du mois de décembre 1678 soit exécuté selon sa forme et teneur à l'égard du mestier de boulanger dans la ville et les faubourgs de Paris ;..... et en conséquence que tous les boulangers qui sont présentement establis dans les dits faubourgs de Paris, à la réserve du faubourg Saint-Antoine et autres lieux privilégiez ou prétendus tels, soient réunis à ceux de la ville, pour ne composer à l'avenir, qu'une seule et même communauté, sous la juridiction du lieutenant général de police, laquelle sera régie suivant les statuts que nous leur accorderons si besoin est, à la charge de payer par chacun des dits boulangers, sçavoir : 220 livres par ceux qui justifieront de leurs lettres de maistrise dans les faubourgs Saint-Germain, Saint-Michel, Saint-Jacques, Saint-Marcel, Saint-Victor et autres ; 330 livres par chacun des compagnons et apprentifs qui justifieront du temps et de leur brevet d'apprentissage bien et duement accomplis, soit chez les maistres des dits faubourgs, soit chez ceux de la ville ; et 440 livres pour chacun des autres maistres qui seront reçus sans qualité ; « sans préjudice des droits particuliers attribuez » par divers édits aux officiers des charges nouvelles établis pour maintenir le nouvel ordre établi dans les mestiers : « Jurés, syndics, auditeurs des comptes, trésoriers, controlleurs des poids et mesures, controlleurs des paraphes des registres et gardes archives : au moyen duquel payement tous les particuliers boulangers pourront s'establir en tel lieu de la dite ville et des faubourgs que bon leur semblera, pour y exercer en toute liberté leur profession..... Permettons pareillement aux boulangers demeurant actuellement dans les lieux privilégiés ou prétendus tels de se faire recevoir maistres dans trois mois, du jour de la publication du présent édit. » — Les nouveaux maistres pourront alors exercer aux mêmes conditions que les anciens, en payant les mêmes droits. »

Le payement des droits? C'était là, à n'en pas douter, l'objet principal de l'ordonnance. On venait de passer deux années, 1710 et surtout 1709, dans une disette affreuse : l'année présente n'était guère meilleure. L'Etat était aux abois, le trésor épuisé, le peuple poussé à bout. Ce qu'on voulut, semble-t-il, c'est d'étendre plus loin l'impôt, en y soumettant les boulangers des faubourgs comme ceux de la ville, et en exigeant des uns et des autres des sommes qui semblaient la rémunération de cette prétendue grâce, doublement onéreuse pour ceux qu'elle frappait.

Nous ne pousserons pas plus loin cette revue des statuts et règlements de la boulangerie à Paris avant d'examiner les mêmes lois dans les provinces ; là, nous trouverons dans les coutumes de nombreux articles relatifs à l'exercice de la boulangerie, rarement des statuts particuliers. Rien de plus irrégulier d'ailleurs que ce qui existait dans tout le plat pays. La France était divisée en un nombre immense de seigneuries ; le seigneur avait les droits les plus exorbitants sur les objets principaux d'alimentation : la farine qui devait se faire à son moulin, le pain qui devait se cuire à son four, le vin qui se préparait à son pressoir. Certaines villes, certains pays avaient des priviléges particuliers qui devaient être confirmés par ordonnance royale, et portaient des règlements qui devaient être également approuvés.

Tantôt les ordonnances s'occupent du bénéfice du marchand ; ainsi une ordonnance de Philippe de Valois, signée en 1329 à St-Remi-la-Varenne, décide que « les pastissiers et boulangers d'Angers feront du bon pain et ne gagneront que douze deniers sur deux seliers de blé. » Tantôt c'est à propos de la police d'une ville qu'il est question de boulangers ; les statuts de la ville de Provins, confirmés par Philippe de Valois en 1349 et par Charles V, en 1364, renferment l'article suivant :

« Ordonnons et avons ordonné que les boulangers qui demourrent en nostre ville de Provins ès rues foraines puissent leurs porceaux, se ils les ont, mettre hors deux fois le jour pour pisser, et les garder tandis. »

La première ville à qui nous voyons un règlement particulier pour la boulangerie, c'est Arras ; ses statuts furent confirmés en 1372, par Charles V. Nous y remarquons les passages suivants : « 10. Les boulangers payent l'amende lors qu'ils dérongent les étaux de leurs confrères, prennent leurs ustensiles sans permission, pissent à quatre pieds près de leurs étaux, ou crachent avec violence. — 13. Pour chaque fournée, les fourniers auront 32 deniers, les garçons, 3 deniers et les deux porteurs (chargés aussi de tirer l'eau des boulangers) 12 deniers. — 19. Ceux qui rogneront leurs ongles auprès de leur étal ou auprès de celui des autres payeront l'amende. — 21. Celui qui mettra de la m..... devant les étaux des autres boulangers payera l'amende. »

Les autres articles n'apportent aucune disposition que nous n'ayons vue déjà en vigueur à Paris.

En 1387 ou 1388, les habitants de Harfleur ayant représenté au roi que le port de leur ville y attirait beaucoup d'étrangers, il convenait surtout d'y avoir un pain meilleur que celui dont se contentaient les habitants de

Moustiervillier, tous gens de travail, « pain mal ouvragé, pesant et peu levé, » le roi décide que le vicomte de Moustiervillier devra établir à Harfleur quatre visiteurs boulangers ou gens entendus, demeurant à Harfleur et chargés de visiter constamment les boulangeries, attendu que « par espécial, le pain est la principale et la plus noble viande pour la sustentation du corps humain. »

Quelques années plus tard, le même roi Charles VI confirmait un règlement en vigueur à Montolieu (1392); les boulangers, y est-il dit, feront du pain d'une livre qui vaudra un denier lorsque le setier de blé vaudra huit sols, et en proportion montera ou baissera selon le prix du blé. A Montolieu, il y avait, à côté des fours des boulangers publics, un four banal, dont les fermiers, comme ceux d'Eyrieu, recevaient en payement la vingt-cinquième partie du grain ou le vingt-quatrième pain. A Florence, en Armagnac, le fournier avait pour lui le vingtième pain; sans doute il n'avait pas la concurrence qui s'était élevée à Montolieu.

Ailleurs, on voit des mesures prises contre les faux poids; en général, la fournée entière où l'on saisissait un pain de poids trop faible était confisquée pour les pauvres. A Perrusses, quiconque faisait usage de faux poids était puni d'une amende de vingt sous tournois ou avait la main coupée.

Les statuts des boulangers furent confirmés à Tours en 1468, à Rouen en 1508. Dans ceux de cette ville, on remarque une sage mesure : « pour ce que le blé vient souvent à cherté ou diminution de prix, » le vicomte de Rouen ou son lieutenant fait faire chaque année un essai ou deux pour fixer le poids et le prix. — Les hôteliers et taverniers ne peuvent vendre d'autre pain que celui des boulangers de la ville.

En 1514, sous Louis XII, nous trouvons des lettres patentes qui renouvellent et confirment l'homologation des statuts des boulangers de Poissy ; on y remarque quelques dispositions intéressantes. D'abord le boulanger est soumis à un apprentissage de quatre ans ; l'apprenti « pourra estre recen maistre en soy obligeant de entretenir les ordonnances, en faisant son chef-d'œuvre et payant son past en la manière qui suit : c'est assavoir... s'il est trouvé ydoine, il sera tenu de donner au prévost, procureur et gens de justice, une paire de gants doubles ; auxdits maistres, chacun une paire de gants pareils ; aux enfants desdits maistres, une paire de gants simples ; aux femmes des maistres, un chapeau à chacune ; à disner auxdites femmes, à souper auxdits dessusdits officiers et maistres, et oultre sera tenu de payer au prévost et procureur vingt sols parisis, et de ce en prendre lettre du greffier. »

Si après l'examen de ces statuts, conservés dans certaines localités, nous entrons dans les coutumes, nous voyons les usages les plus opposés dans les différents pays coutumiers.

Dans le comté de Ponthieu (en 1495) les habitants ne peuvent même avoir chez eux un four, « pour y cuire ou fournir pain, *tartes*, *pastez*, *flans*, ne autres choses, sans le congé de sondit seigneur, sur peine d'encourir, envers sondit seigneur, une amende de soixante solz, et de luy abattre et démolir ledit four. »

Dans le pays de Nivernois au contraire, dans un chapitre exprès, inséré dans les coutumes de 1494, on lit : « Es fins et metes de la bannie du four ou moulin (c'est-à-dire dans les limites de l'étendue dépendant du four ou moulin banal) aucun ne peut faire ou construire four ou moulin sans le consentement dudit seigneur bannier. Lequel, où il n'y aura consenti, peut faire abattre de son autorité les dits four ou moulin, *hormis qu'on peut avoir un four jusques à un boisseau, mesure de Nevers, auquel on ne pourra cuire pain, sinon gours, patez et autres fricauderies.*

En Anjou (1508), les coutumes parlent à la fois des boulangers publics et du four à ban que le seigneur peut avoir : « Si le subjet est boulanger public, et le moulin de son seigneur ne soit propice à faire farine à pain blanc, il peut aller ailleurs, car le bien de la chosse publique, qui préfère le spécial, l'excuse. » On trouve un règlement semblable dans la coutume du Perche.

Dans le bailliage de Troyes, chacun, semble-t-il, peut avoir son four, puisqu'en 1509 la coutume règle les conditions de la construction : « On ne peut faire four en son héritage contre le four ou mur de son voisin s'il n'y a pied et demy d'épaissseur. »

La coutume du pays de Poitou (1514) est des plus favorables au public : « La contrainte de fournage a aucun four dépend des droits de basse juridiction ; *mais aucun ne*

*peut contraindre ses sujets roturiers de four-
nage à son four*, si lesdits sujets ne sont hommes roturiers d'homme et de lieu, comme
dit est, couchant et levant roturièrement et
ledit four soit en lieu où ledit seigneur ait
ville, bourg ou chef de bourg, *et ne le peut
faire venir des villages ne de loing.* » Les droits
de seigneur étant ainsi restreints, il fallait
des boulangers publics. Iront-ils au four du
seigneur ? Dans aucun cas ils n'y seront for-
cés : « Les boulangers qui cuiront pain pour
l'esposer en vente et débiter aux estrangers,
sans fraude, ne sont tenus d'aller au four à
ban. »

Presque toujours le cas est prévu où le four
du seigneur serait en mauvais état ; jusqu'à
ce qu'il fût rétabli, chaque manant s'arran-
geait à sa guise ; les réparations faites, le
seigneur en faisait avertir ses sujets au prône
de la messe, et reprenait ses droits. Le cas
est prévu aussi où le fournier ferait brûler,
ou perdrait, par quelque autre cause, le pain
qui lui serait confié. La coutume du duché
de Bourbonnais (1521) décide que « fermiers
de moulins et fours pour moudre et cuire
comme il appartient, sont tenus de dédommager le moullant ou cuisant intéressé jus-

qu'à cinq sols tournois, sur une simple réclamation faite avec serment, ou après confirmation par preuves du dommage causé, s'il s'agit d'une somme supérieure.

Cet article nous montre, en outre, l'usage où étaient les seigneurs de se décharger de tout embarras relativement aux fours et moulins à ban, et d'en abandonner les charges et les profits à un fermier, moyennant certaine redevance. L'avidité de ces fermiers rendait d'autant plus nécessaire l'introduction dans les coutumes de règles sur la réparation des dommages et le prix de la cuisson.

Les coutumes de Bayonne (1514) nous font connaître à ce double titre les usages du pays.

« Les fourniers doivent cuire le pain de telle sorte et façon que l'un ne touche l'autre et qu'il ne soit mal cuit ou brûlé. Et au cas où il soit trouvé le contraire, le fournier doit prendre le pain et en faire à son plaisir, et payer au seigneur du pain ce que le bledd lui a coûté, et le quart davantage pour l'intérêt.

« Les fourniers sont tenus de cuire en leurs fours le pain des voisins et habitants de adite cité, à raison de trois deniers tournois pour congue, et pour pain blanc vendable six deniers tournois. »

On voit combien étaient, sur ce seul point, divergentes les coutumes de chaque pays, et quel bienfait on a trouvé dans la rédaction d'un code uniforme et qui embrasse, pour la France entière, un ensemble complet de mesures, au lieu des dispositions partielles portées ici, inconnues ailleurs; au lieu surtout de ce silence de la loi sur les points les plus nécessaires.

Paris, on l'a vu par une facile comparaison, avait augmenté successivement son code de la boulangerie de toutes les règles que l'expérience avait fait juger nécessaires; on emprunta fréquemment, dans certaines grandes villes de province, quelques articles de ses statuts; mais nulle part ailleurs on ne s'occupait plus promptement d'apporter aux règlements les modifications jugées utiles. Après le xviiie siècle, nous voyons ajouter à la loi qui défend à chaque boulanger, ayant place, de se retirer avant la vente complète de son pain, l'obligation d'apporter, sous peine d'amende, à chaque marché une certaine quantité de pain et de ne céder jamais ce qui lui reste, s'il est étranger aux boulangers de la ville. Il y avait là , il faut en convenir, une rigueur singulière , puisqu'après une certaine heure les boulangers devaient se défaire à tout prix de leur pain, et qu'on pouvait être sûr qu'ils apportaient la quantité de pain nécessaire aux habitants. On ne devait recourir à eux qu'au dernier moment. Ils ne pouvaient se dédommager en trompant sur le poids, car ils étaient tenus « de marquer leur pain du nombre de livres qu'il pèse, et le poids devait répondre à la marque , à peine de confiscation et d'amende. »

A cette époque, l'apprentissage était de cinq années qui devaient être suivies de quatre années de compagnonnage. Après ces neuf ans, l'ouvrier, s'il n'était fils de maître, faisait un chef-d'œuvre et pouvait, en payant 40 livres de brevet et 900 livres de maîtrise, exercer enfin comme maître , en suivant les statuts du métier et les ordonnances de la ville.

Le 1er août 1783, Louis XVI donna des statuts qui sont la base la plus récente et la plus complète des règlements faits dans l'intérêt de la corporation au XIXe siècle par l'administration et le syndicat.

Dans la seconde moitié du XVIII° siècle, Turgot tenta un généreux effort en faveur de la liberté du commerce, mais les préjugés reprirent bientôt leur empire sur les masses qui, n'ayant pas les idées élevées du savant économiste, continuaient à regarder, en matière de subsistances, l'action spontanée du commerce comme hostile à l'intérêt général.

La boulangerie se trouvait donc, lors de la Révolution de 1789, soumise à une réglementation étroite, et cependant, cette réglementation était moins excessive qu'elle ne le fut plus tard, en plein XIX° siècle, au temps où fut créée la caisse de la boulangerie de douloureuse mémoire.

La Révolution devait amener le régime de la liberté dans le commerce du pain, comme dans tous les autres commerces. Les maîtrises et les jurandes étaient abolies : la libre concurrence, existant déjà depuis plusieurs siècles pour la vente du pain de ménage, était étendue à la vente du pain de luxe.

Mais cette époque de liberté fut, hélas! de courte durée. A mesure que l'horizon politique devint plus sombre, les mesures restrictives pour la vente du pain se reproduisirent avec plus de persistance. Arrêté le 22 juin 1791 à Varennes, le malheureux roi Louis XVI fut suspendu de ses fonctions le 29, et quelques jours plus tard était rendue la loi des 19-22 juillet 1791 dont la disposition *provisoire* relative à la boulangerie n'est point encore rapportée en l'an de grâce 1869.

Cette disposition, qui forme l'art. 30 de la loi, est ainsi conçue :

« La taxe des subsistances ne pourra provisoirement avoir lieu, dans aucune ville ou commune de France, que sur le pain et la viande de boucherie, sans qu'il soit permis, en aucun cas, de l'étendre sur le vin, le blé, les autres grains, ni autres espèces de denrées, et ce sous peine de destitution des officiers municipaux. »

Mais de plus cruelles épreuves étaient réservées à la boulangerie.

Le maximum fut bientôt appliqué au pain comme à toutes les autres marchandises de première nécessité ; puis, apparut le terrible décret des 26-28 juillet 1793 qui punissait de mort les accapareurs, c'est-à-dire les hommes convaincus d'avoir « retiré de la » circulation des marchandises de première » nécessité, de les avoir enfermées dans un

» lieu quelconque, sans les mettre en vente
» journellement et publiquement. » L'anarchie
était alors à son comble. Chaque municipa-
lité arrivait, pour nourrir ses habitants, à
piller, au nom de la loi, tous les citoyens qui
possédaient des grains. Le 1er juillet 1793,
le citoyen Genet, meunier à Granville (Seine-
et-Oise), écrivait à l'administration des subsistances, à Paris : « J'avais chez moi 100
» sacs de farine que je préparais pour Paris ;
» les commissaires de la ville de Versailles
» sont venus chez moi, dimanche dernier,
» requérir ces farines..... Ils m'ont dit que
» le département de Paris n'avait pas plus
» le droit de s'approvisionner que celui de
» Versailles. Le département de Chartres ne
» veut plus délivrer un seul septier de blé.
» Je vais travailler à me défaire de mes che-
» vaux et ustensiles de commerce. »

Pendant ce temps, les boulangers, chaque
jour menacés de voir leurs boutiques assail-
lies par la population affamée, garnissaient
la devanture de leurs magasins de forts barreaux de fer aux treillis serrés. M. Bethmont,
fils d'un boulanger et un célèbre avocat, di-
sait en 1859 dans l'enquête sur la boulangerie :

« Quand j'étais jeune, les portes de nos

» boulangeries étaient garnies de très forts
» barreaux de fer ; chaque boulangerie était,
» en quelque sorte, une forteresse eu égard
» à ce qu'étaient les autres boutiques. C'est
» qu'en effet les boulangers étaient obligés
» de s'y défendre contre les invasions sou-
» daines du peuple. Moi qui vous parle, j'ai
» vu se précipiter dans la boutique de mon
» père des masses qui brisaient les portes
» pour avoir du pain. »

Voilà donc où conduisent fatalement ces préjugés funestes qui se perpétuaient depuis le moyen-âge à travers les siècles et dont certaines personnes se font encore impru-demment aujourd'hui les échos ! Voilà donc où conduisent celle crainte chimérique de l'accaparement et ces imprécations mala-droitement lancées contre toute une catégo-rie de citoyens honorables dont le seul crime est de vouloir vivre, comme les autres, du fruit de leur travail et des produits de leur commerce.

Le renversement du régime de la Terreur amena nécessairement l'adoucissement gra-duel du régime réglementaire. Cependant la faculté, pour les maires, d'établir la taxe fut maintenue et, lors de la crise alimentaire de l'an VIII, le préfet de police (Dubois) obtint du premier consul un décret organisant la boulangerie sous l'autorité directe de l'administration. (Décret du 19 vendémiaire, an X, 11 octobre 1801.)

Quelques années plus tard (1811), fut rétablie la taxe officielle ; l'autorité commença par taxer le pain à des intervalles indéterminés, c'est-à-dire chaque fois qu'il se produisait un changement notable dans le prix des farines ; puis elle arriva à rendre la taxe régulière, sans vouloir élever le montant de la prime de cuisson, quoique la hausse successive du prix de la main-d'œuvre et du loyer donnât aux boulangers le droit d'obtenir une prime de cuisson plus considérable.

Sous ce régime les boulangers étaient moins des commerçants que des agents de l'administration, et la cour de cassation à pu décider, avec raison, le 28 février 1811 : « que les boulangers n'étaient pas commerçants en raison de leur profession. »

Mais cela fut vrai, à bien plus forte raison, pour les boulangers de Paris, lorsque fut instituée, en 1853, la caisse de service de la boulangerie placée sous la direction de M. le préfet de la Seine.

C'est du reste ce que déclaraient d'une manière formelle les syndics de la boulangerie dans une circulaire du 1er avril 1856. « Nous ne sommes, dans la main de l'autorité, que des fabricants à façon.»

En effet, d'après les décrets de 1853 et 1854 organisant cette caisse de service :

« Les boulangers ne pouvaient pas payer par eux-mêmes les farines qu'ils achetaient; ils étaient tenus de faire à la caisse, dans le délai de trois jours, la déclaration exacte de leurs achats et, d'après une circulaire de M. le préfet de la Seine en date du 7 novembre 1854, ils savaient, en cas d'infraction à ces prescriptions, la douce perspective d'être poursuivis comme des criminels devant la cour d'assises pour faux en écriture authentique et publique. »

D'un autre côté, le nombre des boulangers du département de la Seine était limité et les établissements étaient divisés en cinq classes.

La taxe du pain était soigneusement établie par l'administration municipale, sans le concours des boulangers.

Enfin pour couronner l'œuvre, M. le préfet de la Seine imposait aux boulangers un dépôt d'approvisionnement qui variait de 135 à 540 sacs suivant la classe dans laquelle était compris l'établissement de boulangerie (1).

Du reste, pour apprécier l'extrême simplicité de l'organisation de la boulangerie à cette époque, il suffit de se reporter au rapport précédant le décret de 1863. Dans ce travail, on trouve l'énumération suivante des innombrables mesures auxquelles se trouvait soumise la boulangerie :

« Le commerce de la boulangerie est soumis, à Paris et dans la plus grande partie des communes de l'Empire ayant quelque importance, à une organisation spéciale.

» A Paris, le système de réglementation appliqué depuis le commencement du siècle, et qui avait pour point de départ un arrêté consulaire du 19 vendémiaire an X (11 octobre 1801), a été confirmé et appliqué en outre à toutes les communes du département

____

(1) L'obligation d'avoir des farines en dépôt fut étendue par un décret du 16 novembre 1858 aux boulangers de 161 villes de France.

de la Seine par un décret du 1er novembre 1854. Il est établi sur les bases suivantes :

1° « La limitation du nombre des boulangers d'après le nombre des habitants ;

2° » Obligation, pour celui qui veut s'établir boulanger, d'obtenir une permission préfectorale, laquelle ne peut être accordée que dans les limites fixées pour le nombre des boulangers ;

3° » Classement des établissements de boulangerie d'après leur mission journalière ;

4° » Dépôts d'approvisionnement et de garantie constitués en farine, et dont la qualité, fixée approximativement pour subvenir à trois mois de consommation, varie suivant l'importance et le classement de chaque boulanger.

5° » Versement d'une partie de cet approvisionnement dans des magasins publics ;

6° » Syndicat dont la composition et le mode de nomination sont réglés par arrêté préfectoral avec l'approbation ministérielle ;

7° » Défense de quitter la profession sans en avoir fait la déclaration six mois à l'avance ;

8° » Défense de restreindre le nombre des fournées sans autorisation du préfet ;

9° » En cas de contravention à la disposition précédente et à l'obligation de l'approvisionnement de réserve, pouvoir pour le préfet de prononcer, par voie administrative, contre le contrevenant une interdiction momentanée ou absolue de sa profession ;

10° » Confiscation du dépôt de garantie appartenant au boulanger qui aurait quitté sa profession sans autorisation et qui aurait été définitivement interdit ;

11° » Privilége des facteurs de la halle aux farines sur le dépôt de garantie des boulangers, dans le cas où ceux-ci quittent leur commerce par l'effet d'une faillite ou par suite de contravention entraînant interdiction ;

12° » Obligation de se soumettre aux dispositions des décrets qui ont institué la caisse de service de la boulangerie ;

13° » Obligation d'un dépôt en compte courant à cette caisse.

» Il faut ajouter à ces prescriptions une multitude d'autres dispositions réglementaires, telles que l'interdiction de toute vente de pain faite dans des boutiques séparées des fournils ; l'interdiction des ventes faites sur les marchés par les boulangers forains ; l'interdiction de tout transport de pain entre le département de la Seine et les départements voisins ; l'interdiction de tout payement direct de farine aux meuniers sans l'intervention de la caisse de la boulangerie, l'interdiction pour chaque boulanger de s'établir à proximité d'un confrère, etc., etc.

» Enfin l'organisation de la boulangerie de Paris et du département de la Seine est complétée par la taxe du pain, mesure que l'art. 30 de la loi des 19 22 juillet 1791 laisse aux autorités municipales la facilité d'appliquer, et que le préfet de la Seine est chargé de mettre à exécution, comme toutes les autres dispositions applicables au commerce de la boulangerie.

» Dans les départements autres que le département de la Seine, il existe 165 villes où le commerce de la boulangerie est réglementé par des actes du gouvernement, décrets impériaux ou ordonnances royales, rendus de 1812 à 1828 ; et, pour quatre villes, Lyon, Brest, le Mans et Chartres, des décrets récents, puisqu'ils ne remontent qu'aux années 1857 et 1859, ont confirmé, comme l'avait fait pour Paris le décret du 1er novembre 1854, l'organisation existante.

« C'est cette réglementation établie pour Paris et le département de la Seine et pour 165 centres de population, par les actes du gouvernement, imitée sur beaucoup d'autres points, soit complétement, soit partiellement, par l'autorité municipale, qu'il s'agit, suivant les résolutions adoptées par le conseil d'Etat, de remplacer par un régime de liberté. »

Le système de M. le préfet était fort ingénieux, en ce qu'il faisait entrer dans la caisse municipale un fonds de roulement assez considérable dont la ville profitait. En effet, d'après l'art. 12 du décret du 1er novembre 1854, chaque boulanger était tenu de déposer en compte courant, à la caisse de service de la boulangerie, pour le paiement de ses achats courants de blé ou de farines, une somme qui variait de 2,000 fr. à 6,000 fr., suivant la classe à laquelle appartenait l'établissement de boulangerie.

Mais si cette ingénieuse combinaison était utile à la ville, elle était essentiellement funeste à la boulangerie. Les entraves incessantes, mises par la caisse de service à l'exercice de la profession de boulanger, rendaient cette profession presque impossible. Il fallait perdre, chaque jour pour ainsi dire, un temps précieux en allées et venues de la boulangerie à la caisse de service et de cette caisse à la boulangerie, consentir à devenir le très humble agent de l'administration, et répondre aux poursuites incessantes, entamées à la requête du directeur de la fameuse caisse; aussi le seul désir des boulangers était-il d'abandonner une industrie soumise à ces mesures extrêmes d'une réglementation abusive.

Du reste, les faits qui se sont produits, sous le régime de la caisse de service, prouvent trop bien par eux-mêmes les funestes résultats de cette réglementation. Ainsi, du 1er janvier 1856 au 17 septembre 1862, le chiffre des faillites, dans la boulangerie parisienne, s'est élevé à la somme énorme de 5 milions 299,709 fr. sans compter les arrangements amiables entre créanciers et débiteurs.

Telle était la situation insoutenable de la boulangerie, lorsque M. le préfet de la Seine chercha, pour sortir d'embarras, à remplacer les 601 boulangers de Paris par un nombre restreint de meuneries-boulangeries. A en croire cet honorable fonctionnaire et le Conseil municipal de Paris, la réduction des frais devait être si considérable, avec le système proposé, qu'elle procurerait un intérêt de 14 °|₀ du capital·engagé, tout en permettant une réduction de 5 centimes par kilogramme sur le prix du pain. Mais, ce n'était là qu'un mirage trompeur, par lequel les auteurs du projet s'étaient eux-mêmes laissé éblouir dans l'ignorance où ils étaient, sans doute, des nécessités pratiques de la profession de boulanger. Les hommes compétents ne se laissèrent pas entraîner par des chiffres aussi fantastiques ; ils savaient bien d'avance que les meuneries-boulangeries ne pourraient jamais réussir, parce qu'elles ne seraient pas de nature à satisfaire au goût particulier de chaque consommateur.

Le conseil d'Etat, saisi du grave problème qui lui était soumis par le préfet et le Conseil municipal, eut la sage pensée d'ordonner une enquête où pussent se produire toutes les opinions, même les plus contradictoires.

C'est à la suite de cette enquête que fut rendu le décret du 22 juin 1863, qui régit encore la matière et qui est ainsi conçu :

« Art. 1er. Sont abrogées, à dater du 1er septembre 1863, les dispositions des décrets, ordonnances ou règlements généraux ayant pour objet de limiter le nombre des boulangers, de les placer sous l'autorité des syndicats, de les soumettre aux formalités des autorisations préalables pour la fondation ou la fermeture dé leurs établissements, de leur imposer des réserves de farines ou de grains, des dépôts de garantie ou des cautionnements en argent, de réglementer la fabrication, le transport ou la vente du pain, autres que les dispositions relatives à la salubrité et à la fidélité du débit du pain mis en vente.

» Art. 2. Les décrets des 27 décembre 1853 et 7 janvier 1854, relatifs à la caisse de service de la boulangerie du département de la Seine, seront modifiés et mis en harmonie avec les dispositions du présent décret (1). »

---

(1) Cette modification a été faite par un décret du 3 août 1863 autorisant la ville de Paris à percevoir, à l'entrée, un droit spécial sur le blé, la farine et le pain fabriqué. Ce droit d'octroi est de 0 fr. 01 c. par kilog. de blé, 0 fr. 01.3 par kilog. de farine, 0 fr. 01 c. par kilog. de pain. Cette idée n'est pas nouvelle ; le droit d'octroi, appli-

Le décret de 1863 laisse subsister « les dispositions relatives à la salubrité et à la fidélité du débit du pain mis en vente. » Cela devait être et personne ne saurait blâmer le gouvernement d'avoir fait cette réserve, car des hommes qui se respectent ne pourraient avoir la pensée de protéger la fraude.

Mais, pour que le boulanger soit coupable de tromperie ou de tentative de tromperie sur la quantité de la marchandise vendue, il faut qu'il ait sciemment trompé ou tenté de tromper l'acheteur sur la quantité du pain vendu.

Avant le décret de 1863, la vente du pain, réglée par les arrêtés municipaux, avait lieu au poids ou à la forme. Dans ce dernier cas, la forme était regardée comme indicacable aux grains et farines, existait dans le siècle dernier; mais l'exercice en fut suspendu par un arrêt du conseil d'Etat du 22 avril 1775, sur l'excellent motif donné par Turgot : « Que le marchand doit trouver dans le produit de la vente de ses grains le paiement du droit; qu'il est donc obligé d'en demander un plus haut prix, et qu'ainsi le droit lui-même opère un renchérissement. »

tive du poids ; c'était là une pure fiction, car il est reconnu, depuis près d'un siècle, par les hommes compétents, qu'il est impossible aux boulangers, en mettant dans le four des pâtons d'un poids uniforme, d'obtenir à la sortie des pains d'un même poids. Mais, la forme étant adoptée par certains maires comme base de la vente, la jurisprudence condamnait invariablement les boulangers comme coupable du délit de tentative de tromperie, lorsqu'ils avaient dans leurs boutiques des pains ne pesant pas le poids indiqué par leur forme: Une condamnation correctionnelle basée sur une fiction, cela est déjà étrange, mais passons !

Le décret du 22 juin 1863 une fois rendu, les boulangers ont acquis le droit de vendre soit à la forme, soit au poids, soit au volume. Ce droit est incontestable, en présence des termes suivants de la circulaire ministérielle du 10 novembre 1863 :

Quelques maires avaient cru pouvoir rendre obligatoire la vente du pain au poids. J'ai dû faire remarquer à ce sujet qu'en se plaçant au point de vue de la liberté des transactions, qui est la base du décret du 22 juin, on ne voyait pas à quel titre l'administration interviendrait pour imposer plutôt tel mode de vente que tel autre, et pourquoi, en rendant la vente au poids obligatoire, on défendrait par cela même d'acheter un pain d'après *son volume* ou sa forme, comme cela se fait pour d'autres marchandises. Il convient de faire disparaître toute prescription qui aurait pour résultat d'entraver la liberté des vendeurs et celle des acheteurs.

Ainsi, la pensée du décret est certaine : il consacre la liberté absolue pour le boulanger de vendre et pour le consommateur d'acheter le pain soit à la forme, soit au poids, soit au volume. Dès lors, il paraissait évident que la forme cessait d'être indicative du poids, et que par conséquent, l'exposition en vente de pains n'ayant pas le poids indiqué par leur forme ne pouvait plus constituer le délit de tentative de tromperie sur la marchandise vendue; le boulanger ne devait plus être regardé comme ayant l'intention de tromper l'acheteur, du moment où il pouvait vendre, soit au poids, soit au volume, et, du moment surtout, où le consommateur avait le droit de ne pas acheter à la forme.

Cela n'a pas empêché des tribunaux, les Cours impériales et même la Cour de cassation de décider que la forme pouvait continuer à être indicative du poids; on s'est fondé, pour arriver à cet étrange résultat, sur ce que, malgré le décret du 2° juin 1663, la vente à la forme était restée dans les habitudes du commerce (1).

Lorsque les boulangers ont soutenu qu'ils vendaient, d'ordinaire, le pain au poids, et qu'ils avaient, à cet effet, des balances sur leur comptoir, la justice leur a répondu qu'ils ne faisaient pas cette preuve et elle les a condamnés!

Lorsqu'ils ont voulu faire cette preuve et ont assigné, à cet égard, de nombreux témoins, la justice leur a répondu que ces témoins étaient, sans doute, sous leur domination, parce qu'ils obtenaient probablement des crédits plus ou moins longs, et elle a encore condamné les malheureux boulangers!

Enfin, plusieurs boulangers ont soutenu qu'ils vendaient au volume, et, pour se

---

(1) Arrêts de la Cour de Montpellier du 14 janvier 1867; de la Cour de Riom du 3 avril 1867; de la Cour de cassation du 11 mars 1864.

mettre à l'abri de poursuites incessantes, ils ont affiché, suivant leur droit, dans un endroit apparent de leur boutique, un petit règlement annonçant que le pain était vendu au volume sans garantie de poids. Cela ne les a pas empêchés d'être bel et bien condamnés! La Cour de Caen, qui a jugé la question en ce sens, s'est fondée sur la loi du 27 mars 1851, d'après laquelle est regardé comme coupable celui qui a tenté de tromper l'acheteur sur la quantité au moyen d'indications frauduleuses tendant à faire croire à un pesage antérieur et exact (1). Malgré tout le respect que nous inspirent les décisions de la justice, nous avouons humblement que nous ne nous expliquons pas où peuvent se rencontrer les indications frauduleuses de cette nature, alors que, au contraire, les indications affichées dans la boutique ont pour unique objet de prévenir l'acheteur que le poids ne lui est pas garanti!

Ces condamnations sont regrettables, nous ne craignons pas de le dire; car, émanant d'hommes parfaitement honorables et con-

(1) Arrêt du 20 février 1867 (ministère public contre Denis).

vaincus, elles acquièrent, aux yeux du public, une gravité exceptionnelle. Ces manifestations contre la liberté sont d'autant plus funestes qu'elles partent de plus haut et encouragent davantage les préjugés existant, dans les masses, contre les boulangers.

De tels arrêts détruisent la liberté laissée par le gouvernement, aux boulangers, de vendre le pain au volume, et, comme le pouvoir judiciaire est indépendant du pouvoir ministériel, le premier défend ce que le second permet; les boulangers, peu disposés à courir le risque de poursuites incessantes, sont obligés de se conformer aux arrêts de la justice, et la liberté, proclamée par le gouvernement, devient une lettre morte; les hommes honorables qui exercent la profession de boulangers ne songent qu'à sortir d'une carrière où ils ne recueillent que des condamnations judiciaires, une réputation de voleurs, et la haine de la population qu'ils nourrissent.

Mieux valait la réglementation de Louis XIV et peut-être mieux celle de M. le préfet de la Seine, car si les boulangers n'étaient alors que les agents de l'administration, ils n'avaient pas du moins la responsabilité morale d'une position dont ils ne recueillent pas le bénéfice.

Et voilà ce que l'on appelle la liberté de la boulangerie au xix° siècle, en l'an de grâce 1869 !

Pendant ce temps, quelle est, à l'étranger, la position de la boulangerie ?

En 1849, elle était libre dans certaines parties de l'Italie, en Espagne, en Portugal, en Prusse, en Suède, en Danemark et surtout en Angleterre.

Depuis ce temps, l'esprit de liberté a marché, la réglementation et la taxe ont été abolies en Allemagne, en Italie, en Autriche et en Belgique.

A Bruxelles, le conseil municipal, en abolissant la taxe officielle, prescrivit aux boulangers d'afficher dans leurs boutiques le prix de vente du pain de ménage. Mais les maires ne conservèrent pas, comme en France, la faculté provisoire de rétablir la taxe officielle.

En Angleterre, toutes les mesures réglementaires sont abolies, à Londres depuis 1815, et, dans les provinces depuis 1836 ; la taxe officieuse n'existe même pas et là encore la liberté a produit, comme en Belgique, les meilleurs résultats, soit au point de vue de la fabrication du pain, c'est-à-dire de la qualité et de la variété des produits, soit au point de vue des prix de vente.

Dès le siècle dernier, des commissions de l'Académie des sciences s'étaient occupées de rechercher le rendement possible du blé en farine, et celui de la farine en pain. Mais il s'est agi d'abord des quantités seulement. On n'a eu de moyen d'apprécier scientifiquement les qualités que lorsque la chimie a été mise en possession de ses procédés d'analyse immédiate et d'analyse élémentaire. La physionomie végétale a fourni à son tour des moyens d'ivestigation pour déterminer la constitution du pain. A mesure que les sciences ont fait de nouvelles conquêtes, on a pu entrer dans le détail de la composition du blé, de la farine et du pain. Voici quelques analyses relatives à la matière qui nous occupe :

Composition élémentaire du blé de Champagney.

	Degrés.	Centigrades.
Desséché, à	110	
Carboné,	46	20
Hydrogène,	5	70

Oxygène,	43	20
Azote,	2	50
Cendres,	2	40
	100	» »

Composition moyenne en principes immédiats.

Eau,	14	» »	
Matières grasses,	1	20	
Amidon,	59	70	} 68 40
Dextrine,	7	20	
Matières azotées insolubles (gluten),	12	80	
Matières azotées solubles (albumine et céréaline),	1	80	
Cellulose,	1	70	
Sels minéraux,	1	60	

Autres grains.

	Seigle.		Orge.		Avoine.		Maïs.		Riz.	
Eau,	16	6	13	»	14	»	17	1	16	6
Amidon et dextrine,	17	5	63	7	61	5	60	5	76	»
Matières grasses,	2	»	2	8	5	5	7	»	»	5
Gluten et albumine,	9	»	13	4	11	9	12	8	7	8
Ligneux cellulose,	3	»	2	6	5	5	1	5	»	9
Substances minérales,	1	8	4	5	3	»	1	1	»	5
	100		100		100		100		100	

Rendement de 100 kilog. de blé, le poids de l'hectolitre étant de 80 kilog.

Farine première,   60 kilog.
Id.   troisième,   15
Id.   quatrième,   2
Son et recoupe,   19 5
Déchet,   3 5
                      ————
                        100

Si le poids de l'hectolitre n'est que de 70 kilog., 100 kilog. ne produisent que :

Farine première,   50
Id.   troisième,   18
Id.   quatrième,   5
Son et recoupe,   22
Déchet,   5
                      ————
                        100

La farine provenant de ce blé peut donner 177 kilog. de pain par sac de 125, tandis que le même poids de farine provenant de blé de 70 kilog. l'hectolitre ne fournira que 168 kilog. de pain moins nutritif que 168 kilog. de celui provenant du blé de 80 kilog.

Comme complément indispensable de ce qui précède, nous donnons l'historique de la législation du commerce des grains et farines.

Sous l'ancienne monarchie et pendant les premières années du XIXe siècle, le régime de la liberté a été, chez nous, la condition constante du commerce d'importation de céréales. La pensée de protéger, par des tarifs de douane, la culture des céréales en France contre la concurrence des céréales étrangères, ne paraît pas s'être présentée alors à l'esprit des gouvernements. La nécessité d'assurer la subsistance du pays et de protéger les consommateurs contre une trop grande cherté paraît avoir été la seule préoccupation du législateur dans la question des céréales.

L'entrée des céréales n'était donc soumise, au commencement de ce siècle, qu'à un droit peu élevé, ayant un caractère purement fiscal, qu'on s'empresserait de supprimer à la première apparence de cherté.

L'exportation avait toujours été l'objet de mesures restrictives, et l'on peut même dire que la prohibition était la règle générale.

Une loi du 2 décembre 1814, qui peut être considérée comme le point de départ de la législation de l'échelle mobile dans notre pays, mais qui ne réglait que l'exportation, divisa les départements frontières en trois classes, établies en raison du degré de cherté habituel des grains dans ces départements; l'exportation était interdite dans chaque classe dès que le prix des grains atteignait :

23 fr. pour la 1re classe,
21 fr. pour la 2e classe,
19 fr. pour la 3e classe.

Au-dessus de ces limites, l'exportation était libre, sauf un droit de balance.

Quant à l'importation, une loi de douane du 23 avril 1816 l'assujettit purement et simplement, et en tout temps, à un droit de 50 centimes par 100 k.log., applicable aux farines comme aux grains.

Vient la loi du 16 juillet 1819 qui, adoptant pour l'importation la classification des départements frontières, établie par la loi de 1814 pour l'exportation, disposa que le droit à l'entrée, fixé par la loi de 1816, serait augmenté, sans distinction de pavillon, d'un droit supplémementaire de 1 fr. par hectolitre, lorsque le prix des blés indigènes serait descendu à :

23 fr. dans la 1re classe,
21 fr. dans la 2e classe,
19 fr. dans la 3e classe.

Chaque franc de diminution au-dessus de ces limites donnait lieu à un supplément de droit de 1 fr. et l'importation était prohibée lorsque les prix descendaient à :

20 fr. dans la 1re classe,
18 fr. dans la 2e classe,
16 fr. dans la 3e classe.

Cette loi ne parut pas protéger suffisamment les producteurs, et à la suite d'une période d'abondance qui avait beaucoup abaissé les prix, les plaintes étant devenues plus vives, une loi, portant la date du 4 juillet 1821, intervint pour donner plus de latitude à l'exportation et pour restreindre les facilités d'importation.

C'est cette loi qui établit la division des départements frontières en quatre classes et en huit sections, qui existent actuellement.

D'après cette loi, l'importation n'était permise au droit de balance qu'autant que les prix des blés indigènes excédaient :

26 fr. dans la 1re classe,
24 fr. dans la 2e classe,
22 fr. dans la 3e classe,
20 fr. dans la 4e classe.

Elle était interdite au-dessous de :

24 fr. dans la 1re classe,
22 fr. dans la 2e classe,
20 fr. dans la 3e classe,
18 fr. dans la 4e classe.

D'autre part, l'exportation n'était interdite que quand l'importation était permise au simple droit de balance.

Une réaction survint après la révolution de 1830.

La loi de 1821 fut considérée comme accordant une protection exagérée aux intérêts de l'agriculture, et comme ayant pour résultat de maintenir le prix du blé à un taux trop élevé. Des modifications provisoires, apportées à la loi de 1821 par une loi du 20 octobre 1830, furent suivies de la loi du 15 avril 1832, qui n'avait d'abord été faite que pour un an, mais qui fut prorogée par la loi du 26 avril 1833.

Voici, en résumé, le régime qui résulte des dispositions de cette loi, combinées avec celles des lois de 1819, 1821 et 1830, auxquelles la loi de 1832 n'avait pas dérogé.

La disposition essentielle et fondamentale de la loi du 15 avril 1832, c'est l'abolition expresse de la prohibition éventuelle à l'entrée et à la sortie des grains et farines. La probibition, du reste, est remplacée par des droits échelonnés qui, il faut bien le dire, ont à peu près le même résultat que la prohibition.

Quoi qu'il en soit, voici le régime qu'on appelait le régime de l'échelle mobile :

1° Les départements frontières sont divisés en quatre classes subdivisées en huit sections, dans chacune desquelles l'importation et l'exportation sont soumises à une série de droits, qui varient suivant la hausse ou la baisse du froment ; ces droits s'élèvent, pour l'importation, à mesure que le prix du froment s'abaisse, et, pour l'exportation, à mesure que le prix s'élève lui-même.

2° Le prix du froment sert à régler les droits d'entrée et de sortie pour toutes les espèces de grains et pour les farines qui en proviennent.

3° Le prix du froment s'établit, à la fin de chaque mois, par arrêté ministériel publié au *Bulletin des lois*, pour les huit sections séparément, d'après les mercuriales d'un certain nombre de marchés régulateurs désignés pour chacune d'elles et qui en tout s'élèvent à vingt-cinq. Chaque section a ainsi son prix régulateur, et le jeu de l'échelle mobile s'opère, dans chacune de ces sections, d'après les variations qui surviennent dans son prix régulateur, et cela indépendamment des mouvements qui ont eu lieu dans les autres sections.

4° Un simple droit de balance de 25 centimes par hectolitre de blé, de 50 centimes par quintal métrique de farine, moins élevé pour les menus grains et leurs farines, est perçu pour l'importation dans une section quelconque lorsque, dans cette section, le prix du froment dépasse :

26 fr. pour la 1re classe,
24 fr. pour la 2e classe,
22 fr. pour la 3e classe,
20 fr. pour la 4e classe.

5° Le droit de balance s'augmente de 1 fr. par hectolitre de blé, et proportionnellement pour les autres grains, par chaque franc de baisse du prix régulateur, jusqu'à ce que le prix soit descendu à :

23 fr. 01 c. pour la 1re classe,
21 fr. 01 c. pour la 2e classe,
19 fr. 01 c. pour la 3e classe,
17 fr. 01 c. pour la 4e classe.

6° Au-dessous de ces prix, chaque diminution de 1 fr. dans le prix régulateur donne lieu à une augmentation de 1 fr. 50 par hectolitre de froment, et proportionnelle pour les autres grains.

7° Les droits d'importation sur le quintal de farine de froment, en sus du droit de balance, sont le triple de ceux qui sont établis sur l'hectolitre de froment.

8° Enfin, une surtaxe de 1 fr. 25 c. par chaque hectolitre de grains, et de 1 fr. 66 c. par chaque quintal métrique de farine, est perçue, en sus du droit de balance et des autres droits déterminés par le jeu de l'échelle mobile, sur les importations faites par navires étrangers, tant que le prix régulateur n'a pas dépassé :

28 fr. pour la 1re classe,
26 fr. pour la 2e classe,
24 fr. pour la 3e classe,
22 fr. pour la 4e classe.

9° L'exportation est assujettie au droit de balance, dans une section quelconque, tant que le prix régulateur de la section ne dépasse pas :

25 fr. dans la 1re classe,
23 fr. dans la 2e classe,

21 fr. dans la 3e classe,
19 fr. dans la 4e classe.

10e Aussitôt que le prix régulateur dépasse ces limites, le droit est porté à 2 fr., et s'augmente de 2 fr. en sus par hectolitre de froment, et proportionnel·ement pour les autres grains, à chaque franc de hausse dans le prix régulateur.

11° Les droits d'exportation sur le quintal métrique de farine de froment sont le double de ceux qui sont établis sur l'hectolitre de froment.

12° La proportion des droits existant, soit à l'entrée, soit à la sortie, sur les grains secondaires, est réglée de la manière suivante :

	Grains.	Farines.
Seigne,	60 0|0	65 0|0
	(Du droit du Froment.)	(Du droit des farines de froment.)
Maïs,	55 0 0	60 0|0
Orge,	50 0|0	60 0|0
Sarrasin,	40 0|0	50 0|0
Avoine,	35 0|0	55 0|0

13° L'entrepôt fictif est autorisé pour les grains.

Tel est, dans son ensemble et dans se[s]
principaux détails, le régime qui, de 1832 [à]
1861, régla légalement les conditions de l'im[-]
portation en France des céréales étrangère[s]
et de l'exportation des céréales indigènes.

On croyait avoir tout prévu par cette lé[-]
gislation, et prévenu toute occasion de recou[-]
rir à ces m[e]sures de circonstance qui, alo[rs]
même qu'elles peuvent être devenues néce[s-]
saires, sont toujours fâcheuses en matière d[e]
subsistances, parce qu'elles sèment l'alarme.

Cependant, à deux reprises, il fallut
avoir recours et suspendre le régime de l'é[-]
chelle mobile, une première fois en 1847, un[e]
seconde fois en 1853, et cette dernière sus[-]
pension a duré six ans.

En 1847 à la suite d'une récolte mauvais[e]
celle de 1846, une loi du 28 janvier décré[ta]
que les grains et farines, sans distinction [de]
provenance et de pavillon, ne seraient sou[-]
mis à l'entrée qu'au droit de balance jusqu'a[u]
31 juillet suivant.

A ce moment, et depuis deux mois a[u]
moins, les prix étaient à un taux tel que [le]
droit de balance seul était exigible par l'e[f-]
fet même de la loi de 1832. Mais on sentit [le]
besoin d'exciter le commerce à aller cherch[er]

des grains étrangers, en lui donnant toute
sécurité contre un mouvement de baisse,
qui, avant l'arrivée des convois, relèverait
les droits.

L'échelle ne fut rétablie qu'au 1er février
1818 ; à ce moment, les prix étaient retom-
bés à 19 fr. ; la récolte de 1817 avait été
très abondante.

En 1853, l'échelle mobile fut suspendue
de nouveau, en ce qui touche l'importation,
par un décret du 18 août, et l'exportation
fut même interdite, par un autre décret, le
29 novembre 1851.

Au moment où la suspension de 1853 fut
décrétée, on venait à peine de constater
l'insuffisance de la récolte, et les prix n'é-
taient encore qu'à 22 fr. 55 c. Ils étaient
donc loin d'être arrivés au taux qui, d'après
la loi de 1832, déterminait le simple droit
de balance, et qui ne fut atteint que deux
mois plus tard dans la région qui reçoit surtout les arrivages étrangers, celle de la première classe. Cette promptitude eut une
influence favorable évidente sur la crise, qui
fut beaucoup moins intense qu'en 1817, car
les prix moyens mensuels de 1853 ne dépas-
sèrent pas 30 fr. 50 c., tandis que ceux de

1847 s'étaient élevés à 30 fr. 65 c. Ce dernier prix ne fut même pas atteint dans les années qui suivirent, malgré la succession des mauvaises récoltes de 1854, 1855 et 1856. Le plus haut prix de cette série de mauvaises années fut celui de décembre 1855, qui ne monta qu'à 33 fr. 48 c.

C'est qu'en effet les blés étrangers, grâce à la suspension de l'échelle mobile, intervenue à temps, ont cessé d'arriver, à partir du décret de 1853, assurés qu'ils étaient de ne pas trouver de tarifs de nature à déranger les calculs des négociants importateurs.

Les mauvaises récoltes qui succédèrent à celle de 1853, celles de 1854, 1855 et 1856, firent proroger d'année en année le décret de suspension de l'échelle mobile, relativement à l'importation, et celui de prohibition de l'exportation.

Enfin, l'année 1857 donna une très bonne récolte ; le rendement moyen fut de 16 hectolitres 75 litres, le plus élevé qui ait été constaté depuis 1820, et, le 10 novembre, l'exportation fut rétablie. La dernière mercuriale constatait à ce moment au prix moyen pour la France de 18 fr. 73 c. Quant à l'importation, elle demeura libre, et toujours soumise au simple droit de balance, encore pour un an, en vertu d'un décret du 22 septembre 1857 ; les prix étaient alors à 21 francs 61 cent.

La liberté d'importation fut même encore prorogée, cette fois à titre d'expérience, jusqu'au 30 septembre 1850, par un décret du 30 septembre 1858 ; les prix étaient à 16 fr. 20 c.

Un nouveau décret fut rendu, à la date du 7 mai 1859, qui rapporta celui du 30 septembre 1858, et établit l'échelle mobile.

Son nouveau règne devait être court. Dès l'année suivante, les circonstances rendaient nécessaire une nouvelle suspension des droits variables à l'importation. Elle fut prononcée par le décret du 22 août 1860.

Enfin la loi de 1861 abrogea celles des 15 avril 1832, 26 avril 1833, 15 juillet 1819, 4 juillet 1821, et 20 octobre 1830, ainsi que toutes autres dispositions contraires à son texte qui abolit les droits d'exportation tout en maintenant de faibles droits fixes à l'importation des grains, farines et denrées alimentaires.

L. BATAILLARD.

187